在春天
寻找什么?

［英］伊丽莎白·詹纳　著

［英］娜塔莎·杜利　绘

向畅　译

北 京 出 版 集 团
北京美术摄影出版社

明媚的日子快来了

"叽喳喳！叽喳喳！"听到那叫声了吗？棕柳莺刚刚在南欧和非洲度过了冬天，正在返回西欧。这些鸟从3月初开始抵达，它们的叫声预示着春天的到来。很快，许多其他鸟类——麦鹟、燕子、紫崖燕、苇莺、夜莺和雨燕也将加入这支队伍。当看到它们飞过头顶时，我们知道，寒冬就要结束了。

一般来说，春天开始的标志就是白天和黑夜一样长，此时，太阳直射赤道。赤道，是一条假想出来的线，将地球分为北半球和南半球。昼夜平分的这一天称为春分，通常出现在3月19日至21日之间。从这时开始，北半球的白天变得比夜晚长，因为将会更长时间被太阳照射。

天气渐渐暖和起来，不过夜里可能还有些冷，早晨会看到地面上有一层霜。随着大自然从漫长、黑暗的寒冬中慢慢苏醒过来，气温将越来越高。

海鸟的合唱

春天来了，吵闹的海鸟又回到海岸。这些海鹦和海鸠，还有北方塘鹅和三趾鸥，都是在海上过冬的。随着天气转暖，它们成群结队地回到熟悉的悬崖和海岸边，这就是它们的繁殖地。群居让它们感到安全，它们在这里安心地筑巢，在洞中产卵并孵化宝宝。这些宝宝也叫雏鸟。

海鹦是一种很容易被识别的鸟，有时被称为"海鸟中的小丑"。它们长着黑色的脑袋、苍白的脸颊和亮橘色的腿。在春季，海鹦的大嘴变得鲜艳，这是帮它们吸引异性的，并不是用来炫耀的！另外，海鹦还有一种捕鱼的秘密武器，那就是藏在嘴里的一层小刺，能帮它们潜入水中后一口咬住鱼。

通常，海鹦每年都会选择相同的伴侣。它们成双成对地上岸，一雄一雌，一起挖洞安家。然后雌海鹦在洞穴里下蛋，它俩轮流坐在上面孵蛋。小海鹦孵出以后，父母留在它们身边喂养，直到它们长大、准备飞翔。终有一天，小海鹦将会离开家，飞向大海。

春回林地

寒冷的冬季过后，新生命在森林中绽放。植物对于阳光的增多和气温的升高做出了回应，慢慢长出了新芽，开出了花。从精致的白色星状丛林银莲花，到甜美的深紫色香堇菜，再到长满嫩芽的多年生山靛，林地上色彩缤纷，春意盎然。

树叶下面，各种生物正在忙碌着。随着天气转暖，七星瓢虫从冬眠中醒来。它们渐渐活跃，开始在新长的绿叶中找蚜虫吃，然后它们交配并寻找合适的地方产卵。

其他种类的甲虫也陆续出现。冬天时，报死虫还是白色幼虫，像毛毛虫一样深藏在烂木头中熬过寒冬。当春天来临时，它们钻出树林，变为成年甲虫。"报死虫"这个名字源于它们在试图吸引配偶时，对着木头发出的预示着不祥的敲击声。以前的人们相信，如果在自然中听到这种声音，是死神降临的征兆。

1. 臭嚏根草
2. 香堇菜
3. 报死虫
4. 丛林银莲花
5. 七星瓢虫
6. 多年生山靛

像3月的野兔一样疯狂

这些野兔看起来一副精力充沛的样子。它们在田野中奔跑、跳跃、追逐。时而腾空一跃，直立着用前腿互相踢打。可是，它们为什么会这样呢？

3月是大多数野兔结婚生子的时节。这段时间里，雄兔会试着寻找到一只适合的雌兔。

为了找到伴侣，雄兔必须战胜其他竞争对手，让雌兔相信它才是最棒的。它通过奔跑和跳跃向对方显示自己有多厉害。要是雌兔看不上这只雄兔，就会发动攻击，然后把它一脚踢开。

如果运气好的话，你在一年中的其他任何时间都能看到野兔。它们通常很害羞，整天躲着，缩成一团，只有在天黑后才出来。野兔在春天时短暂而特殊的行为，就是"像3月的野兔一样疯狂"这句话的由来。

布谷鸟归来

　　看到布谷鸟之前，通常会先听到它的叫声。"布谷！布谷！"这是雄鸟在呼唤，也是春天真正到来的标志。冬季，布谷鸟向南飞到非洲过冬。现在，它们正在返回欧洲的路上。

　　从非洲到欧洲路途遥远，是一段艰辛的旅程。近年来，随着生态环境的恶化，这一路可供布谷鸟补给的食物越来越少，它们中的一些甚至因食物短缺而无法再回到故土。幸好，它们很聪明，会重新开辟植物丰饶的路线，想尽办法在春天回到北方。

　　布谷鸟最出名的还是它们抢占巢穴的行为。它们从来不亲自养孩子：布谷鸟妈妈趁别的鸟离开巢时偷偷溜进去，在人家的鸟蛋中间生下自己的蛋。小布谷鸟一孵出来，马上就把其他的蛋或小鸟挤出去，而稀里糊涂的"屋主"却把小布谷鸟错当成亲生孩子继续养大。

樱桃花盛开

　　早春时节，一些树木也渐渐醒来了。那些每年冬天都掉光树叶的树，叫作落叶树。春天的到来意味着它们将开始长出新的嫩芽、叶子和花朵。其中的一些，例如樱桃树，还会开出嫩粉色和白色的花朵。

　　开花对樱桃树来说非常重要。又大又香的花朵引来昆虫，比如蜜蜂，它们喜欢喝藏在里面甜甜的花蜜。当它们采蜜的时候，把花粉沾到身上，又会触碰到花的一个特殊器官——雌蕊。一旦雌蕊碰到来自另一棵樱桃树上的花粉，就可以结出水果啦。这个过程叫作授粉。

　　如果没有蜜蜂或者其他昆虫帮忙，像樱桃这样的树木是不能长出水果和种子并繁衍生息的。但是蜜蜂必须动作快！花开的过程只是很短的一段时间，一般只有一个星期左右。

水仙花和蝴蝶

春天来了，去寻找绕着树篱飞舞采蜜的亮黄色硫磺蝶吧，它们是每年最早出现的蝴蝶了。当其他还在冬眠的蝴蝶等着天气变暖时，硫磺蝶已经过完冬天变为成年蝴蝶，它们藏在常春藤的叶子中间，随时准备迎接春天，展翅高飞。

明媚春光来临的另一个迹象是水仙花。它们有着大喇叭状的独特花朵，在3月份几乎随处可见。由于开花时的样子欣欣向荣，水仙花成为重生和全新开始的象征。

这些水仙花是从埋在土里的球茎中长出来的。冬天时，灯泡形状的茎深埋在泥土中，它存储了植物生长所需要的全部营养和能量。当气温开始上升，细细的嫩芽伸出地面，然后长出花茎和花蕾。

每年一到这个时候，冒出来的可不仅仅是水仙花和蝴蝶。放眼望去，骑自行车的、跑步的、散步的，就像水仙花开遍树篱和花园，人们也纷纷走出家门，享受春天的气息。

身怀绝技的白鼬

这只爱尔兰白鼬瞪着乌黑油亮的眼睛，一动不动地站着，等待猎物出现。在它的窝里，有 12 只春天刚刚出生的小宝宝，正等着妈妈带食物回来。幸运的是，它是技术高超的猎人！

爱尔兰白鼬有敏锐的视力和灵敏的嗅觉。无论是在地面上还是在地下，它们都是靠气味追踪猎物的。在陆地上，它们捕食老鼠、鸟、兔子和昆虫。一旦白鼬发现猎物，就会猛扑过去发起攻击，然后在猎物脖子后面用力一咬。白鼬还是攀登高手和游泳健将，能上树掏鸟蛋，还能下河抓鱼。在冬天，它们只能吃些坚果和浆果，除此以外也找不到其他可吃的了。

每只爱尔兰白鼬都有自己的领地，在那里捕猎筑窝。小白鼬跟妈妈一起生活大约 12 个星期以后就成年了，这时它们会离开家，去寻找属于自己的领地。

4月阵雨

春天总是下雨！突如其来的暴雨几乎没什么预兆，这就是通常人们说的"4月阵雨"。每年这个时候，大西洋将强风和降雨带到了西欧海岸，天气模式随之发生了变化。在同一天中，可以出现暖春的艳阳天和冬天的雨雪。

不过，正如谚语所说的，"4月雨带来5月花"。对于那些需要大量雨水滋润才能开出花朵的植物来说，下雨肯定是件好事。因而，如果4月一直都很湿润，那么随之而来的5月将会繁花盛开，美不胜收。

喜欢潮湿多雨天气的可不仅仅是植物。观察一下从池塘里冒出来的小青蛙，它们从冬末就开始在池塘里产卵，早春时已经孵出了蝌蚪。现在，蝌蚪宝宝已长出了双腿，正在向青蛙变身，它们准备爬出水面，探索新世界了。

新生命的季节

春天是农场最繁忙的时候，因为这正是小羊羔、小牛犊出生的季节——大多数绵羊和奶牛会在这时产崽。田野中，毛茸茸的小羊羔欢蹦乱跳着，小牛犊正摇摇晃晃地跟在母亲身边要奶吃。

羊群和牛群的主人必须时刻保持警惕，因为不管白天黑夜，羊和牛随时都可能产崽，需要农民及时帮助。大多数母牛一次只生一头小牛，但羊妈妈通常能生下双胞胎甚至是三胞胎。新生的小崽和它们的妈妈需要得到更多照顾，以确保它们喂养顺利，身体健康。

生完孩子后，母羊会不停地舔孩子，直到它们能够自己站起来。一旦发现小羊可以站立了，母羊就会给它喂奶作为鼓励。在这段时间里，母羊学会利用气味区分小羊羔。等孩子们回到羊群中后，羊妈妈一下子就能闻出来哪个是自己的孩子，并给予它们应有的照顾。

流星

4月下旬，夜空中会有流光闪过。这是4月天琴座流星雨，每年都会出现在北半球的上空。

4月天琴座流星雨是我们所知道的最古老的流星雨之一，早在约2700年前的古代中国就有了关于它的记载。如果你在晴朗的夜晚站在室外，运气好的话，每小时能看见十几颗流星坠落下来。

4月天琴座流星雨是绕日转动的撒切尔彗星引发的。彗星是由冰和尘埃组成的云团，当它在太空中移动时，会落下大量碎片。每年，当地球穿过撒切尔彗星的运行轨道时，彗星的碎片冲入地球的大气层并燃烧起来，化作一颗颗闪亮的流星划过夜空。

湖边筑巢

又到了鸟在湖边筑巢的时候了。看看水上成双成对的黑水鸡，它们长着亮红色、黄色的嘴和绿色的腿，正忙着寻找树枝，好在芦苇荡里搭一个不算整洁的小家。完工以后，雌黑水鸡就会在里边下大约 8 个蛋。大约 3 周后，鸡宝宝就破壳而出啦。父母都会一直待在窝里，全身心地保护它们的孩子免受外界攻击。

而此时此刻，凤头䴙䴘（pìtī）正在水面上表演得起劲呢！令人惊叹的是它们脸颊两侧红褐色的毛和头顶上黑色的羽毛，这些是为春季的一种特殊舞蹈准备的，可以帮助它们吸引心爱的伴侣。

在这场舞蹈中，一雄一雌两只凤头䴙䴘面对面站在水中，头左右摆动，尾巴也会偶尔跟着一起甩动。然后，它们潜入水中，划向对方。最后用嘴叼起几根杂草冲出水面，向对方胸前撞击，一下一下，并疯狂踩水来保持身体直立。在这场活力四射的舞蹈结束后，它们正式结为伴侣。

树林中的蓝铃花

树林里，蓝铃花盛开的景象短暂而灿烂。在被周围树木新长出的叶子挡住阳光以前，蓝铃花尽可能地接受阳光照耀，然后开出花来。有时，成千上万朵蓝铃花挤在一起，像魔术一般，眨眼间变成了一块漂亮的蓝地毯。

与水仙花一样，蓝铃花也是从埋在土里的球茎中长出来的。它们抽出芽、开完花以后就会枯萎，而花茎上的种荚里结出黑色的小种子。随着头顶上的烈日逐渐消退，种荚裂开，种子散落一地。球茎继续留在土里，等待来年春天的回归。

熊葱是另一种生长在树林里的春季植物，不等你看见就已经闻到它的味道啦！熊葱有一种新鲜、刺鼻的特殊气味，在潮湿的林地上随处可见。同样，它们也是从球茎中长出来的，舒展着白色的星状花冠，尽情享受明媚的春光。熊葱的扁叶子可以摘下生吃，也可以加到汤里或者炖菜时用来调味。

1. 熊葱（角度一）
2. 红石巢蜂
3. 蓝铃花
4. 狸白蛱蝶
5. 熊葱（角度二）

红襟粉蝶

红襟粉蝶在早春出动了。它们翅膀尖的橙色花纹是一个错误的诱导信号，是在警告捕食者：这只蝴蝶有毒，应该避开。只有雄性蝴蝶才拥有橙色翅尖，雌性的翅尖只有些许黑色。

这只雌性红襟粉蝶正在葱芥上产卵，一次只产一颗。几天后，每颗卵都会变成深橙色，最后钻出一只绿色的毛毛虫。整个夏天里，毛毛虫一直趴在植物上吃着叶子。当秋天来临时，它离开植物躲进灌木丛中，然后在一个叫作蛹的硬壳里过冬。第二年春天，成年的蝴蝶从蛹中爬出来，准备在花丛中飞翔、采蜜。

许多春天的花朵都是红襟粉蝶的美食，比如花格贝母，它花瓣上的纹路看起来像蛇皮。4月里，这种植物的花开满野外的草地，不过现在不怎么常见了，因为能让它生长的野生草甸变得越来越少。

1. 葱芥
2. 雄性红襟粉蝶
3. 花格贝母
4. 雌性红襟粉蝶
5. 红襟粉蝶的卵

明媚的5月

5月，北半球的许多国家真正迎来了春天，人们在阳光的沐浴下，尽情享受着温暖与生机盎然。

5月1日，是国际劳动节，同时也是欧洲传统民间节日——五朔节。人们在这一天品尝蛋糕，载歌载舞，庆祝农业收获和春天的到来。世界上其他国家也都有庆祝春日回归的传统。

5月的另一个常见景物，是山楂树篱上精致的粉白色小花。山楂树也被叫作"五月树"，因为它在这个月份开花。有昆虫们帮着传粉，山楂树就能结出深红色的果实——山楂。茂密的荆棘条是非常棒的树篱，许多鸟喜欢在上面建造它们的家。

1. 法国菊（牛眼菊）
2. 草甸毛茛
3. 单子山楂的果实
4. 单子山楂的花

花园的访客

春天，新生的树叶和充足的雨水对于蛞蝓（kuòyú）来说再好不过了。蛞蝓又叫鼻涕虫，是一种黏糊糊的虫子，最喜欢吃各种蔬菜和草类的嫩芽，可花园主人通常并不太愿意提供给它们！在春天，蛞蝓会对花园造成很大破坏，所以园丁们总是想方设法将它们拒之门外。

蛞蝓属于软体动物，用一只肌肉发达的大脚紧贴着地面滑动，靠头顶的触角来感知周围环境。由于蛞蝓的身体含有大量的水，所以它们必须不断产生黏液来保护自身免于脱水，这也是它们更喜欢潮湿天气的原因。一场阵雨过后，仔细观察就能发现，路面上有纵横交错的黏液痕迹，那就是蛞蝓留下的。

尽管蛞蝓的饮食习惯令人讨厌，但是它们在花园的生态系统中扮演着重要的角色，因为它们可以吃掉大量腐烂物和菌类。

1. 克里斑蛞蝓
2. 黑蛞蝓
3. 柠檬蛞蝓
4. 网纹蛞蝓
5. 欧洲红蛞蝓
6. 蠕虫蛞蝓
7. 双线欧洲蛞蝓
8. 黄蛞蝓
9. 暗灰蛞蝓

在河边

　　随着天气转暖，河水也变得暖和起来。一位游泳爱好者来到河边，开始了今年的第一次游泳，跟在她旁边的是一只母野鸭和一群小鸭子。

　　春天早些时候，母鸭选在远离河流的安全地带筑巢、下蛋。当小鸭子孵出来后，鸭妈妈在一旁等几个小时，让它们学会站立和走路。第二天一大早，鸭妈妈把小鸭子都带到水里。在接下来大约两个月里，鸭妈妈跟孩子们待在一起并给它们保暖，教它们如何吃水草、抓虫子，直到它们长得足够强壮，可以独自生活。

　　豆娘和蜻蜓在水面上闪着耀眼的光彩，它们时不时俯冲下来捕捉蠓虫和蚊子。蜻蜓是昆虫界的特技飞行员，它们有4只强壮的翅膀，可以向前飞，也可以向后飞，飞行速度能达到每小时40千米以上。

晨曦中的歌手

这是 5 月的一个清晨，第一束阳光刚刚掠过地平线。寂静中传来了一声鸟叫，然后是另一声，接着又是一声。很快，树上的每一只鸟——从八哥、知更鸟到鹪鹩（jiāoliáo）和苍头燕雀——都在叽叽喳喳地唱着歌、聊着天。

这简直就是个黎明合唱团。鸟最爱在清晨歌唱，因为通常这个时间比较宁静，声音能传得更远。大多数情况下，只有雄鸟才会唱歌。它们引吭高歌是为了吸引配偶，并警告其他鸟远离它们的领地。黎明的合唱将贯穿整个春天，而 5 月是最热闹的时候，这时正是鸟类生育后代的高峰期。

梣树，又叫白蜡树，是这些鸟非常喜欢栖息的一种树，也是春天最晚开花的树之一，它们可以活大约 400 年。许多鸟类、蝙蝠和昆虫都喜欢住在梣树林里。

1. 苍头燕雀
2. 欧洲鹪鹩
3. 欧洲树麻雀
4. 八哥
5. 知更鸟

花园之夜

夜幕降临，在城市房屋的后花园里，小狐狸偷偷溜出来玩耍。它们在前边逛着，而狐狸妈妈在一旁放哨。

狐狸一般在春天产崽，小狐狸至少出生4个星期后才会离开温暖的家。这是因为它们刚出生时又聋又瞎，所以必须紧紧趴在妈妈身边吃奶。这些小家伙已经6周大了，它们离开安乐窝，开始了新的探险。当然，首先就是要学会猎食和在垃圾里翻找吃的。

狐狸适应环境的能力很强，它们有什么吃什么。不管住在城市还是森林，都一样快乐。田鼠、鸟类、兔子、昆虫、水果、蔬菜，甚至是垃圾桶里的剩菜，都是它们的食物。狐狸属于夜行动物，所以，如果你看到在夜幕降临的花园中有尖端是白色的锈红色尾巴一闪而过，就要当心了。

另一个深夜到访者是个浑身带刺的家伙，它就是刺猬。刺猬是一种独居动物，背上有多达7000根硬刺。如果刺猬感到有被攻击的危险，就会竖起刺来保护自己。这只刺猬是出来找甲虫、蚯蚓和毛毛虫吃的。别看它的腿挺短，但每晚最长可以走大约3千米找食呢。

图书在版编目（CIP）数据

在春天寻找什么？ / （英）伊丽莎白·詹纳著；
（英）娜塔莎·杜利绘；向畅译. — 北京：北京美术摄影出版社，2023.1
（我的博物小课堂）
书名原文：What to look for in Spring
ISBN 978-7-5592-0541-4

Ⅰ. ①在… Ⅱ. ①伊… ②娜… ③向… Ⅲ. ①科学知识—儿童读物 Ⅳ. ①N49

中国版本图书馆CIP数据核字(2022)第154702号

北京市版权局著作权合同登记号：01-2022-3219

责任编辑：罗晓荷
责任印制：彭军芳

我的博物小课堂

在春天寻找什么？
ZAI CHUNTIAN XUNZHAO SHENME?

［英］伊丽莎白·詹纳　著
［英］娜塔莎·杜利　绘
　　　向畅　译

出　版　北京出版集团
　　　　　北京美术摄影出版社
地　址　北京北三环中路6号
邮　编　100120
网　址　www.bph.com.cn
总发行　北京出版集团
发　行　京版北美（北京）文化艺术传媒有限公司
经　销　新华书店
印　刷　雅迪云印（天津）科技有限公司
版印次　2023年1月第1版第1次印刷
开　本　889毫米×1194毫米　1/16
印　张　2.5
字　数　10千字
书　号　ISBN 978-7-5592-0541-4
定　价　68.00元

如有印装质量问题，由本社负责调换
质量监督电话　010-58572393

心中的春天